Bilsenkraut
Mistel
Kartoffel
Buchs-
baum
Mohn
Stechapfel
Herbst-Zeitlose
Schneebeere

Bruno P. Kremer

Gift pflanzen

KOSMOS

Zu diesem Buch

Pflanzen sind sicherlich weit mehr als nur grüne oder zumindest zeitweilig sehr bunte Dekorationsstücke unserer Umwelt. Pflanzen sind die einzigen Lebewesen, welche die Energie des eingestrahlten Sonnenlichtes chemisch binden, gleichzeitig aus Bestandteilen der Luft und des Bodens wertvolle Stoffe aufbauen und diese allem übrigen Leben zugänglich machen. Ihre einzigartige Bedeutung läßt sich in einem einzigen Satz zusammenfassen: Nur mit Hilfe der grünen Pflanzen können Sonnenstrahlen eingefangen und in Fleisch umgewandelt werden. Pflanzen liefern uns also direkt oder indirekt unsere Nahrung. Beim Salat oder Gemüse und natürlich beim sprichwörtlich täglichen Brot ist der Weg von der pflanzlichen Stoffproduktion bis zur Direktverwendung überschaubar kurz. Wenn wir das Holz der Möbel, die Faserstoffe in Textilien oder auch nur diese Buchseite betrachten, haben wir ebenfalls von Pflanzen hergestellte und letztlich nur von ihnen zu gewinnende Materialien vor Augen. Pflanzen sind die wichtigste Rohstoffbasis.

Stoffe in enormer Vielfalt
Nun liefern uns die Pflanzen aber gewiß nicht nur wertvolle Biomasse, die man essen oder technisch nutzen kann. Außer den Stoffen, die unser Körper als Nahrung erhält, zerlegt und für seinen Eigenbetrieb nutzt, enthalten die Pflanzen in Blättern und Blüten, Wurzeln oder Früchten eine kaum überschaubare Fülle zusätzlicher Inhaltsstoffe. Diese greifen interessanterweise gezielt und mit vorhersagbarer Wirkung in Prozesse unseres Körpers ein. Eigentlich ist es doch sehr erstaunlich, daß pflanzliche Inhaltsstoffe gerade auch solche Abläufe und Vorgänge beeinflussen, die in Pflanzen gar nicht vorkommen. Diese Wirkmöglichkeiten bedeuten zugleich Glück und Gefahr. Ein besonderer Glücksfall sind sie vor allem deswegen, weil sie Fehlleistungen des Organismus korrigieren oder ausgleichen, Abwehrprozesse in Gang setzen oder stärken und ganz normale körperliche Funktionen wirksam unterstützen können. Pflanzen helfen und heilen.
Pflanzen sind aber fallweise auch gefährlich. Einige pflanzliche Wirkstoffe sind biologisch so aktiv, daß sie bestimmte zentrale Körperfunktionen wie Atmung, Kreislauf oder Verdauung stören, sogar völlig lähmen und immerhin so schädigen können, daß der Tod eintritt. Man nennt sie üblicherweise Gifte. Sokrates, der den Schier-

lingsbecher leerte, war eines ihrer prominentesten Opfer.

Auch Giftpflanzen sind wertvoll

Mit Verteufelungen dieser zugegeben sehr fatalen Pflanzenstoffe muß man allerdings vorsichtig sein. Selbst so lebensgefährlich wirksame Substanzen wie die aus Fingerhut, Schlaf-Mohn oder Tollkirsche sind bei sachgemäßer Handhabung wichtige oder sogar unersetzliche Arzneistoffe. Zwischen Heil- und Giftpflanzen besteht kein grundsätzlicher Unterschied. Giftpflanzen einfach zu verbannen oder gar ausrotten zu wollen, wäre also mit Sicherheit der falsche Weg. Sie haben ihren festen Platz in den jeweiligen Lebensgemeinschaften, und ohne sie wäre unsere Umwelt noch viel ärmer.

Gefahren erkennen

Um die tatsächlichen oder vermeintlichen Gefahren abzuschätzen, die von Giftpflanzen in unserer Umgebung ausgehen (können), muß man die Flora viel besser kennen – unsere heimischen Pflanzen ebenso wie solche, die man vor allem aus dekorativen Gründen aus anderen Verbreitungsgebieten eingeführt hat. Jeder bewundert die mitreißende Blütenpracht von Narzissen und Oleander, die aparten Blattzeichnungen von Dieffenbachien oder Kroton, das rasante Wachstum des Wunderbaums und den aromatischen Duft von Wermut, ohne zu ahnen, daß die unsachgemäße Verwendung dieser Pflanzen durchaus ernsthafte Probleme bereiten kann. Selbst anerkannt wichtige Nahrungspflanzen wie Bohnen und Kartoffeln bergen ihre Risiken. Man muß also mögliche Gefahren erkennen und mit etwaigen Problemen umzugehen lernen. Dazu hilft die in diesem Buch zusammengestellte Artenauswahl. Sie berücksichtigt die wichtigsten giftigen Arten, denen man unter den Farn- und Blütenpflanzen in Haus und Garten, Feld und Flur oder Wäldern und Gebüschen begegnen kann. Diese Auflistung kann nicht vollständig sein, denn im weitesten Sinne gelten fast 400 europäische Arten als giftig oder giftverdächtig, wenn man sie vorbehaltlos so verwendet, als wären sie allesamt harmlose Kulturpflanzen. Im allgemeinen kann man davon ausgehen, daß auch im näheren verwandtschaftlichen Umfeld einer bedenklichen Pflanzenart vergleichbare Giftstoffe vorkommen. Pflanzenstoffe sind ein ebenso zuverlässiges Verwandtschaftskriterium wie Blütenbau oder Blattform. Giftige Hutpilze oder das Heer der Schimmelpilze, von denen viele enorm giftige Stoffe produzieren, wurden hier nicht aufgenommen – sie gehören nach neuerer Auffassung nicht zu den Pflanzen.

Alpenveilchen

Cyclamen persicum

Typisch: Blätter langgestielt, dicklich, herzförmig, stumpf dunkel- oder blaugrün, oft mit dekorativem Netz- oder Fleckenmuster.

Kennzeichen: Ausdauernde Pflanze mit kräftigem, knolligem Wurzelstock. Blüten langgestielt, einzeln, bei Kulturvarietäten in allen Farben zwischen weiß und purpurrot. Blütezeit von Oktober bis März.

Vorkommen: Ursprünglich nur im östlichen Mittelmeerraum und in Vorderasien, seit langem in Kultur und in zahllose Sorten aufgespalten.

Wissenswertes: Vor allem der Wurzelstock enthält giftige Triterpensaponine, die heftige Reizungen des Magen-Darm-Traktes hervorrufen. Wegen der unzuverlässigen Dosierbarkeit verwendet man die Pflanze nicht mehr.

Dieffenbachie

Dieffenbachia seguine

Typisch: Blätter wechselständig, breit-oval, zugespitzt, oberseits glänzend dunkelgrün mit dekorativen, weißen Fleckenmustern.
Kennzeichen: Ausdauernde, krautige Pflanze, in der Natur bis etwa 2 m hoch, mit art- und sortenabhängig sehr großen, bis 50 cm langen Blättern.
Vorkommen: Stammt zusammen mit mehreren Dutzend weiterer Arten aus den Regenwaldgebieten Südamerikas und ist seit langem als Zimmerpflanze sehr beliebt.
Wissenswertes: Alle Teile der Pflanze enthalten besondere Schießzellen, die Oxalat-Kristalle abfeuern. Diese können heftige Entzündungen hervorrufen und lassen Schleimhäute unter stechendem Schmerz sehr stark anschwellen.

Gemeiner Efeu

Hedera helix

Typisch: Blätter wechselständig, einfach, im Umriß meist dreieckig, 3–5lappig, oberseits glänzend dunkelgrün oder mattgrün mit hellerer Zeichnung. Blätter blühender Triebe rautenförmig.

Kennzeichen: Immergrüner Kriech- oder Kletterstrauch mit klarem Hauptstamm und sehr dünnen Trieben. Blüten in doldigen Rispen. Blütezeit September bis November, Früchte ab März des Folgejahres.

Vorkommen: Lockere, nährstoffreiche Böden in Auengebüschen, Laubwäldern, Felsabhängen und Gärten.

Wissenswertes: Insbesondere die Beerenfrüchte enthalten eine Reihe von Giftstoffen, darunter Saponine und Glykoside. Bei Verzehr kleiner Mengen stellen sich Reizerscheinungen in den Verdauungsorganen mit Übelkeit und Erbrechen ein. Größere Beerenmengen lösen Krämpfe und sehr heftige, zum Teil lebensbedrohliche Brechdurchfälle aus. Bezeichnend ist auch das Auftreten scharlachartiger Ausschläge. Efeu ist der einzige heimische Wurzelkletterer. Bemerkenswert ist die unterschiedliche Gestalt der Blätter an bewurzelten kriechenden bzw. kletternden Sprossen und den blühenden, stets wurzellosen Trieben. Fruchtverbreitung vor allem durch Drosseln.

Engelstrompete

Datura candida

Typisch: Blätter wechselständig, gestielt, runzlig, fühlen sich rauh an, breit-oval, kurz zugespitzt.
Kennzeichen: Ausdauernde, verholzende Pflanze mit kräftigen Trieben. Blüten meist weiß, 20–30 cm lang, mit langer, ziemlich enger Kronröhre und glockig geöffnetem Kroneneingang.
Vorkommen: Stammt aus dem tropischen Südamerika und ist zusammen mit einigen weiteren Arten in vielen Sorten seit langem eine beliebte Zierpflanze für Wintergärten und Terrassen.
Wissenswertes: Alle Teile der Pflanze enthalten giftige Tropanalkaloide. Die Vergiftungen sind ähnlich wie bei der nahe verwandten Tollkirsche, doch überwiegen die lähmenden und halluzinogenen Wirkungen.

Glycinie, Blauregen

Wisteria sinensis

Typisch: Blätter unpaarig gefiedert. Fiedern eiförmig, zugespitzt, anliegend behaart.
Kennzeichen: Raschwüchsiger Kletterstrauch, erreicht über 20 m Höhe. Schmetterlingsblüten hellblau bis blauviolett, zahlreich in hängenden Trauben. Hülse samtig behaart, knotig verdickt, schwarzbraun. Blütezeit April bis Juni.
Vorkommen: Heimisch in Ostasien (China). In Süd- und Mitteleuropa sehr häufig als dekoratives Ziergehölz zur Fassadenbegrünung angepflanzt.
Wissenswertes: Alle Pflanzenteile enthalten giftige Lektine. In der Rinde und in den Wurzeln kommen weitere Giftstoffe (Glykoside) vor. Der Verzehr roher Samen ruft Entzündungen mit Koliken und Durchfall hervor.

Korallenbäumchen

Solanum pseudocapsicum

Typisch: Blätter wechselständig, einfach, länglich-lanzettlich, kurz zugespitzt, mattgrün, etwas lederig.
Kennzeichen: Ausdauernder, sparrig verzweigter Strauch, 20–100 cm hoch. Blüten weiß, einzeln oder zu zweit, mit radförmig ausgebreiteten Kronzipfeln. Beerenfrüchte anfangs grünlich, dann leuchtend gelb und zuletzt scharlachrot.

Vorkommen: Die Pflanze ist im tropischen Südamerika heimisch und wird in mehreren Formen wegen ihres attraktiven und sehr reichhaltigen Fruchtschmucks als Zierpflanze kultiviert.
Wissenswertes: Alle Teile der Pflanze enthalten giftige Steroidalkaloide. Nach Verzehr der einladenden Beeren treten Übelkeit, Leibschmerzen und Schläfrigkeit auf.

Kroton, Wunderstrauch

Codiaeum variegatum

Typisch: Blätter wechselständig, breit-oval, sortenabhängig entlang der Blattnerven in kontrastreichen Gelb- und Rottönen gezeichnet.
Kennzeichen: Ausdauernder, immergrüner Strauch, bis 2,5 m hoch. Kommt in Kultur relativ selten zur Blüte, enthält einen farblosen Milchsaft.
Vorkommen: Die Pflanze stammt aus Ostindien. Nur eine von den insgesamt sechs bekannten Arten ist in Kultur und als Zimmerpflanze sehr beliebt.
Wissenswertes: Der farblose Milchsaft kann auf der Haut nach häufiger Berührung Kontaktekzeme hervorrufen. Alle Teile der Pflanze enthalten Stoffe aus der chemischen Verwandtschaft der familientypischen Phorbolsäureester.

Laubholz-Mistel

Viscum album

Typisch: Blätter gegenständig, lanzettlich-spatelig, gelblichgrün, auffallend lederig.
Kennzeichen: Immergrüner, kugeliger Strauch als Halbschmarotzer auf verschiedenen Laubgehölzen (vor allem Kernobstbäume, Pappeln und Robinien). Blüten sehr unscheinbar. Scheinfrüchte mit klebrigem Schleim. Blütezeit März bis Mai, Fruchtreife ab Oktober.

Vorkommen: Vor allem in der Niederungslandschaft weit verbreitet, durch Verbrauch von Dekorationsmaterial stellenweise selten.
Wissenswertes: Misteln enthalten ein sehr komplexes Stoffgemisch, dessen Bestandteile unterschiedlich wirken. Bei Verzehr der beerenartigen Scheinfrüchte sind Erkrankungen der Verdauungsorgane zu erwarten.

Oleander

Nerium oleander

Typisch: Blätter zu 3 (4) quirlständig oder zu 2 gegenständig, lederig-derb, schmal-lanzettlich, graugrün.
Kennzeichen: Immergrüner Strauch oder kleiner Baum, bis 5 m hoch. Blüten zahlreich in Doldenrispen an den Zweigenden, weiß, rosa oder purpurrot, bei Gartenformen auch gefüllt. Blütezeit Juli bis September.
Vorkommen: Entlang von Gewässern (Auengehölze) des Mittelmeer- und Schwarzmeergebietes, als Zimmer- oder Kalthauspflanze in vielen Formen kultiviert.
Wissenswertes: Schon seit dem Altertum ist die enorme Giftigkeit des Oleanders bekannt. Alle Teile enthalten hochwirksame Cardenolidglykoside, die Übelkeit, Brechdurchfälle und Kopfschmerzen verursachen.

Becher-Primel

Primula obconica

Typisch: Blätter grundständig, langgestielt, herzförmig, gezähnt bis gelappt, runzlig. **Kennzeichen:** Mehrjährige Staude, drüsig behaart, 10–30 cm hoch. Blüten zahlreich in endständiger Doldenrispe, weißlich, rot oder rotviolett. Blütezeit fast ganzjährig. **Vorkommen:** In Zentralasien (China) beheimatet, seit langem als sehr blühfreudige Zimmerpflanze kultiviert.

Wissenswertes: Die Pflanze enthält in den Drüsenhaaren des Blütenstandes ein gelblichgrünes Sekret, welches das hautreizende Primelgift Primin führt. Dieses ruft bei empfindlichen Personen eine schwere Dermatitis (Hautentzündung), eventuell auch im Bereich der Augenlider hervor. Die typischen Symptome treten oft erst nach mehreren Tagen auf.

Frühlings-Adonisröschen

Adonis vernalis

Typisch: Blätter ungestielt, mehrfach gefiedert, in viele linealische Zipfel zerteilt.
Kennzeichen: Mehrjährig, 10–30 cm hoch, mit großen (bis 7 cm breiten) leuchtend gelben Blüten, die sich nur bei sonnigem Wetter vollständig öffnen.
Vorkommen: Trockenrasen in Wärmegebieten, im Nordwesten sehr selten. Gelegentlich in Gärten angepflanzt.

Wissenswertes: Alle Teile der Pflanze enthalten herzwirksame Glykoside, die mit den Inhaltsstoffen von Maiglöckchen und Fingerhut verwandt sind. Auch die selten in Getreideäckern vorkommenden rotblühenden Verwandten (Flammen- sowie Sommer-Adonisröschen) sind ähnlich giftig. Wichtige Heilpflanze von zunehmender Bedeutung als Herzmittel.

Feuer-Bohne

Phaseolus coccineus

Typisch: Einjährige, linkswindende Kletterpflanze mit langgestielten, dreizählig zusammengesetzten Blättern.
Kennzeichen: Klettert bis über 3 m hoch. Schmetterlingsblüten zu 6–9 in langgestielten Trauben, scharlachrot, selten auch reinweiß. Die anfangs grünen, später bräunlichen Früchte (Hülsen) enthalten je 3–5 violettrötliche und sehr auffällig schwärzlich gesprenkelte Samen (Bohnen). Ernte Juli bis September.
Vorkommen: Gartenpflanze.
Wissenswertes: Feuer-Bohnen (ebenso die Samen der verwandten Garten-Bohne) dürfen nicht roh verzehrt werden – sie enthalten giftige Eiweißstoffe, die schwere Verdauungsstörungen hervorrufen. Beim Kochen werden die Giftstoffe zerstört.

Buchsbaum

Buxus sempervirens

Typisch: Gegenständige, einfache, glattrandige und etwas lederige Blätter, oberseits glänzend dunkelgrün.
Kennzeichen: Immergrüner, meist dichtästiger Strauch oder kleiner Baum, bis 5 m hoch. Blüten dicht gedrängt in den Blattachseln. Kapselfrucht braun und hart. Blütezeit März bis April, Früchte ab August.
Vorkommen: Sehr wärmeliebendes, schattenverträgliches Laubholz in lichten Wäldern. Häufiger in Gärten, als Beeteinfassung gepflanzt.
Wissenswertes: Alle Teile, vor allem Blätter und Rinde, enthalten ein Gemisch giftiger Alkaloide, die heftige Krämpfe, Durchfälle und Lähmungen des Zentralnervensystems hervorrufen. Auch für pflanzenfressende Haustiere (Rinder, Pferde) sehr giftig.

Gemeine Eibe

Taxus baccata

Typisch: Nadelblätter lederig, aber sehr biegsam, oberseits schwarzgrün, unterseits heller, flach zweizeilig.
Kennzeichen: Immergrüner Baum, oft auch mehrstämmig und strauchförmig, bis 15 m hoch. Reife Samen ab September.
Vorkommen: Nur selten als Wildpflanze im Unterwuchs naturnaher Wälder, meist als Ziergehölz in Parks und Gärten. Sehr schattenverträglich.
Wissenswertes: Im Unterschied zu anderen heimischen Nadelgehölzen bildet die Eibe keine Zapfen, sondern große, einzelne Samen, die sich mit einem fleischigen, kräftig karminroten Samenmantel umgeben. Alle Teile der Pflanze, vor allem die Nadeln, schädigen die Nieren und führen zu Herzmuskellähmungen.

Essigbaum

Rhus typhina

Typisch: Unpaarig gefiederte, scharf gesägte Blätter mit prächtiger, scharlachroter Herbstfärbung.

Kennzeichen: Sommergrüner Strauch oder kleiner Baum, bis 5 m hoch, mit sparrig verzweigter Krone. Die jungen Zweige sind samtig behaart. Blüten in dichten, rötlichen Rispen. Blütezeit Juni bis Juli, Früchte ab August.

Vorkommen: Stammt aus dem östlichen Nordamerika. Häufig in Parks und Gärten, gelegentlich verwildert.

Wissenswertes: Sehr genügsames und erstaunlich raschwüchsiges Ziergehölz. Völlig zu Unrecht gilt er als gefährliche Giftpflanze wie einige andere, in Europa nicht angepflanzte Arten der gleichen Gattung. Nur selten treten Hautallergien auf.

Gemeiner Goldregen

Laburnum anagyroides

Typisch: Blätter dreizählig gefiedert, langgestielt, anliegend seidenhaarig.
Kennzeichen: Sommergrüner Strauch oder kleiner Baum, bis 7 m hoch, mit überhängenden Ästen. Schmetterlingsblüten goldgelb in hängenden vielblütigen Trauben. Hülsen bräunlich, bis 7 cm lang. Blütezeit Mai bis Juni, reife Früchte (Hülsen) ab August.

Vorkommen: Wärmeliebende Art im südlichen Mittelsowie in Südeuropa. Vielfach in Gärten und Parks als Ziergehölz angepflanzt.
Wissenswertes: Alle Teile der Pflanze, vor allem die braunschwarzen Samen, enthalten sehr giftige Alkaloide, die zu heftigem Erbrechen, Krämpfen und eventuell zum Tod durch Atemlähmung führen.

Kartoffel

Solanum tuberosum

Typisch: Blätter abwechselnd mit kleineren und größeren, meist ganzrandigen Fiedern. **Kennzeichen:** Ausdauernd krautige, ästig verzweigte Pflanze, entwickelt unterirdische Sproßausläufer mit dikken Sproßknollen. Blüten weißlich mit leuchtend gelbem Kegel aus Staubblättern. Die Früchte sind tomatenartige, grünliche Beeren. Blütezeit Juni bis August, Beerenfrüchte ab August. **Vorkommen:** Wichtige, aus Südamerika stammende Kulturpflanze. Vielfach angebaut, selten auch verwildert. **Wissenswertes:** Alle grünen Teile der Pflanze enthalten giftige Steroidalkaloide, die von Reizungen der Verdauungswege bis hin zu Lähmungen führen. Auch im Licht gelagerte Kartoffeln entwickeln kritische Giftmengen!

Lorbeer-Kirsche, Kirschlorbeer

Prunus laurocerasus

Typisch: Wechselständige, ganzrandige Blätter, oberseits glänzend dunkelgrün, etwas lederig, länglich-oval.
Kennzeichen: Immergrüner Strauch oder kleiner Baum, bis 8 m hoch. Blüten weiß, zahlreich in aufrechten Trauben. Blütezeit April bis Mai, schwarze Steinfrüchte ab Juli.
Vorkommen: Heimisch in Laubwäldern Südosteuropas, sehr häufig als Ziergehölz in Gärten und auf Friedhöfen gepflanzt.
Wissenswertes: Die Samen in den glänzend schwarzen Steinfrüchten sowie die Blätter enthalten ein blausäureabspaltendes Glykosid. Zerkauen von Blättern oder Früchten löst Schleimhautreizungen und bei Aufnahme größerer Mengen eventuell Blausäurevergiftung aus. Für Vögel ungiftig.

Gemeiner Liguster

Ligustrum vulgare

Typisch: Gegenständige, ganzrandige, leicht lederige Blätter, halb immergrün bis zum folgenden Frühjahr.
Kennzeichen: Locker oder stärker verzweigter Strauch, 5–7 m hoch. Blüten in langen, endständigen und angenehm duftenden Rispen. Beerenfrüchte glänzend schwarz, leicht mehlig. Blütezeit Juni bis Juli, Früchte ab September.

Vorkommen: Waldsäume, Gebüsche, Flurgehölze, in mehreren Formen als Ziergehölz in Gärten und Parks.
Wissenswertes: Der Giftgehalt der Beerenfrüchte wird in der Literatur unterschiedlich beurteilt. Vermutlich kommen in Mitteleuropa überwiegend giftfreie Rassen vor. Eine tödliche Gefahr geht von den Beeren gewiß nicht aus.

Abendländischer Lebensbaum

Thuja occidentalis

Typisch: Blätter schuppenförmig, in vier anliegenden Längszeilen, oberseits mattgrün, unterseits heller.
Kennzeichen: Immergrüner Baum mit meist schlanker, sehr dichter Krone, 15 m hoch. Blütezeit April bis Mai, reife Zapfen ab September. Zweige duften beim Zerreiben sehr aromatisch nach Apfelmus mit Gewürznelke.
Vorkommen: Wildvorkommen nur im atlantischen Nordamerika. Häufig in Parks und auf Friedhöfen angepflanzt, sehr formenreich.
Wissenswertes: Das in den Schuppenblättern enthaltene ätherische Öl mit dem Hauptwirkstoff Thujon entfaltet stark reizende Wirkungen und führt nach Verzehr zu schweren Vergiftungen der Magenschleimhaut, der Leber und der Nieren.

Riesen-Lebensbaum

Thuja plicata

Typisch: Schuppenblätter gegenständig in vier Längszeilen, von zweierlei Gestalt, oberseits glänzend grün, unterseits graugrün mit silbergrauen Feldern. Duften beim Zerreiben angenehm.
Kennzeichen: Immergrüner Baum, 30–50 m hoch, mit säulenförmiger, dichter Krone. Männliche Blüten dunkelbraun, weibliche rosa überlaufen. Zapfen bis 2 cm lang, bräunlich. Blütezeit März bis April.
Vorkommen: Heimisch im pazifischen Nordamerika. Häufig als Parkgehölz angepflanzt.
Wissenswertes: Das in den Zweigen enthaltene ätherische Öl ist ähnlich zu bewerten wie beim Abendländischen Lebensbaum. Verwendung der angenehm duftenden Teile ist gefährlich.

Gelbe Lupine

Lupinus luteus

Typisch: Blätter vielzählig fingerförmig gefiedert. Teilblättchen länglich und ganzrandig, beiderseits behaart.
Kennzeichen: Einjährige, 30–60 cm hohe, ästig verzweigte Pflanze. Schmetterlingsblüten dottergelb, stark duftend, in dichten, aufrechten Trauben. Hülsen knotig verdickt, stark behaart. Blütezeit Juni bis September, Früchte ab August.

Vorkommen: Stammt aus Südeuropa, wird häufig zur Gründüngung angesät. Seltener auch verwildert oder in Gärten.
Wissenswertes: Wild-Lupinen enthalten vor allem in den reifen Samen verschiedene Alkaloide, die nur in schweren Vergiftungsfällen den Tod durch Atemlähmung bei tiefer Bewußtlosigkeit hervorrufen.

Gelbe Narzisse

Narcissus pseudonarcissus

Typisch: Blätter blaugrün, schmal, zu 3–6, allesamt grundständig, rinnig.
Kennzeichen: Frühblühende Zwiebelpflanze, bis 40 cm hoch. Blüten sehr auffällig, leuchtend gelb, flach sechszipflig, mit glockenförmiger Nebenkrone, auch in abweichender Färbung. Blütezeit März bis April.
Vorkommen: In West- und Südwesteuropa in Wiesen und Waldrändern verbreitet, in Mitteleuropa nur in den Vogesen und in der Eifel. Zahlreiche Gartenformen.
Wissenswertes: Alle Teile, vor allem die Zwiebel, auch die der Verwandten (Weiße Narzisse u. a.), enthalten giftige Alkaloide, die nach Verzehr starkes Erbrechen und heftige Durchfälle hervorrufen. Häufiger Kontakt kann Hautallergien auslösen.

Schlaf-Mohn

Papaver somniferum

Typisch: Blätter sehr ungleich gezähnt, buchtig, teilweise stengelumfassend, bläulichgrün.
Kennzeichen: Einjährige, krautige Pflanze, 30–150 cm hoch, enthält Milchsaft. Blüten einzeln auf sehr langem Stengel, weiß, violett oder violettpurpurn, am Grunde schwarz, mit zahlreichen Staubblättern. Blütezeit Juni bis August, reife Kapseln ab August bis September.
Vorkommen: Stammt aus dem Mittelmeerraum und ist heute nur als Kulturpflanze bekannt. Stellenweise Feldanbau, sonst selten in Gärten.
Wissenswertes: Der getrocknete Milchsaft unreifer Kapseln (= Opium) enthält zahlreiche hochwirksame Alkaloide, von denen die wichtigsten (Morphin, Codein) medizinisch genutzt werden und

bei sachgemäßer Handhabung außerordentlich wertvolle Arzneistoffe sind. Mißbrauch führt jedoch unweigerlich zur Sucht (Morphinismus) mit vielen negativen Begleiterscheinungen. Die ölreichen Mohnsamen sind praktisch alkaloidfrei. Man verwendet sie traditionell zu allerhand Backwerk (Mohnbrötchen, Mohnkuchen) oder zur Gewinnung eines wertvollen Speiseöls, das sehr reich an ungesättigten Fettsäuren ist. Die Anpflanzung von Schlafmohn im Garten ist nicht erlaubt.

Aufrechte Osterluzei

Aristolochia clematitis

Typisch: Blätter hellgrün, wechselständig, herzförmig, langgestielt.
Kennzeichen: Aufrechte, ausdauernde, krautige Pflanze, bis 1 m hoch. Blüten zu mehreren in den Blattachseln, mit langer, gerader, am Grunde bauchiger Kronröhre, hell grünlichgelb. Blütezeit Mai bis Juni.
Vorkommen: Weinberge, Gebüschsäume, Feuchtwälder, Hochstaudenfluren. Oft auch aus Gärten verwildert.
Wissenswertes: Die schlanke Kronröhre ist eine Kesselfalle, die blütenbesuchende Kleininsekten zeitweise festhält. Alle Teile, vor allem die Wurzel und die Blätter, enthalten die giftigen Aristolochiasäuren, die das Verdauungssystem und die Nieren schädigen. Für Pferde ist die Pflanze besonders giftig.

Pfingstrose

Paeonia officinalis

Typisch: Blätter doppelt dreizählig gefiedert, oberseits dunkelgrün, unterseits heller, wechselständig.
Kennzeichen: Mehrjährige, krautige Pflanze, bis 1 m hoch. Blüten einzeln endständig, bis 10 cm breit, weiß oder purpurrot, bei vielen Gartenformen gefüllt. Balgfrucht wenig behaart, hellgrün, wenigsamig. Blütezeit Mai bis Juni, Früchte ab Juli.

Vorkommen: Wildformen vor allem in Südeuropa (Mittelmeergebiet) heimisch. In zahlreichen Formen als Zierpflanze in Parks und Gärten.
Wissenswertes: Alle Teile der Pflanzen enthalten Glykoside. Nach dem Verzehr von Blütenblättern oder Samen treten heftige Magenschmerzen, später sehr heftige Koliken und Durchfälle auf. In der Homöopathie verwendet.

Pontischer Rhododendron

Rhododendron ponticum

Typisch: Blätter wechselständig, lederig, ganzrandig.
Kennzeichen: Sommergrüner Strauch, bis 1 m hoch, stark verzweigt, mit behaarten Zweigen. Blüten goldgelb, mit nelkenartigem Duft, in lockeren, doldenähnlichen Trauben am Ende vorjähriger Zweige. Blütezeit Mai bis Juni.
Vorkommen: Wildvorkommen in Kleinasien und im Kaukasus. In Mitteleuropa meist nur als Ziergehölz nach Kreuzung mit ostasiatischen und nordamerikanischen Arten.
Wissenswertes: Alle Azaleen- und Rhododendron-Arten enthalten in den Blättern und Blüten giftige Diterpene, die Brennen im Rachenraum, bei Verzehr größerer Mengen auch Darmkrämpfe oder Atemlähmung hervorrufen.

Robinie, Scheinakazie

Robinia pseudoacacia

Typisch: Blätter wechselständig, unpaarig gefiedert. Fiedern länglich, ganzrandig.
Kennzeichen: Sommergrüner, sehr spät austreibender Laubbaum mit hoher, gewölbter Krone, bis 25 m hoch. Blüten reinweiß, zahlreich in hängenden Trauben. Blütezeit Mai bis Juni. Reife Hülsen (rotbraun) ab September.
Vorkommen: Ursprünglich im atlantischen Nordamerika. Häufig an Straßen und in Parks angepflanzt.
Wissenswertes: Vor allem die Samen, aber auch die Rinde, enthalten giftige Glykoproteine (Lektine) sowie die seltene Aminosäure Canavanin. Nach Verzehr stellen sich Übelkeit, Erbrechen, Krämpfe, Durchfall oder Lähmungserscheinungen ein. Auch für Tiere giftig.

Sadebaum

Juniperus sabina

Typisch: Jugendblätter nadelförmig, glänzend dunkelgrün. An den Haupttrieben meist Schuppenblätter, beim Zerreiben sehr unangenehm.
Kennzeichen: Immergrüner, dicht verzweigter Strauch mit liegenden oder aufsteigenden Ästen. Blüten unscheinbar. Beerenzapfen groß und kugelig, anfangs grün, später graublau bereift. Blütezeit April.

Vorkommen: In den Gebirgen Südeuropas und in den Alpen. Stellenweise als Ziergehölz angepflanzt.
Wissenswertes: Die Zweige und Blätter, aber auch die Beerenzapfen, enthalten ein ätherisches Öl, dessen Bestandteile Erbrechen und Entzündungen im Magen-Darm-Trakt hervorrufen. Verwechslungen mit Wacholder-Beerenzapfen sind möglich.

Gemeine Schneebeere

Symphoricarpos rivularis

Typisch: Blätter gegenständig, rundlich-elliptisch, kahl, bläulichgrün, ganzrandig oder leicht gelappt.
Kennzeichen: Sommergrüner Strauch mit sehr dünnen, kantigen, bogig überhängenden Zweigen. Blüten rosaweißlich, glockig, zahlreich in den Blattachseln. Blütezeit Juni bis Juli. Reife Früchte ab September.
Vorkommen: Heimisch in Nordamerika. Häufig als Ziergehölz in Parks, gelegentlich auch verwildert.
Wissenswertes: Die reinweißen, kugeligen, beerenartigen Steinfrüchte haben ein sehr schwammiges Fruchtfleisch. Sie gelten als ungenießbar und sind schwach giftig. Der Verzehr löst Schleimhautreizungen, Übelkeit und Erbrechen aus. Für Vögel (vor allem Drosseln) ungiftig.

Schneeglöckchen

Galanthus nivalis

Typisch: Blätter bläulichgrün, bis 4 mm breit, linealisch, grundständig, je zwei pro Zwiebel.
Kennzeichen: Ausdauernde Zwiebelpflanze, bis 20 cm hoch. Blüten bis 2 cm lang, mit unterständigem Fruchtknoten. Jede Zwiebel entwickelt nur einen, leicht überhängenden Blütenstengel. Blütezeit Februar bis März. Fruchtreife ab April.

Vorkommen: Auenwälder und Laubmischwälder. Viel häufiger allerdings als frühblühende Zierpflanze in Gärten.
Wissenswertes: Das Schneeglöckchen enthält ähnlich wie die zur gleichen Pflanzenfamilie gehörenden Narzissen oder der ähnliche Märzenbecher in der Zwiebel giftige Alkaloide, die in den Verdauungsorganen heftige Reaktionen hervorrufen.

Lorbeer-Seidelbast

Daphne laureola

Typisch: Blätter an den Zweigenden büschelig gedrängt, etwas lederig, oberseits dunkelgrün, matt glänzend, unterseits gelbgrün.
Kennzeichen: Wintergrüner, locker verzweigter Strauch, 40–120 cm hoch. Blüten unscheinbar gelblichgrün, zahlreich in den Blattachseln, nur mit Kelch und ohne Krone, von angenehmem Duft. Blütezeit Februar bis Mai. Schwarze Steinfrüchte ab Juli.
Vorkommen: In Laubmischwäldern der Wärmegebiete, selten auch im Rheinland und in Süddeutschland. Wildpflanzen geschützt! Häufiger als Ziergehölz in Gärten.
Wissenswertes: Alle Teile der Pflanze enthalten, wie die übrigen Arten der Gattung, stark giftige Diterpenester, die nach Verzehr die Verdauungsorgane schädigen.

Gemeiner Seidelbast

Daphne mezereum

Typisch: Blätter wechselständig, dünn, lanzettlich, an den Zweigenden büschelig gehäuft.
Kennzeichen: Sommergrüner Strauch, meist nur um 50 cm hoch. Blüten sehr zahlreich, kurzgestielt oder sitzend, ohne Blütenkrone, Kelchröhre rosa mit ausgebreiteten Zipfeln, duften sehr intensiv. Zweige graubraun, mit vielen kleinen Korkwarzen. Blütezeit Februar bis April vor oder zu Beginn des Blattaustriebs. Steinfrüchte länglich-eiförmig, anfangs grünlich, zuletzt intensiv scharlachrot, mit braunem Steinkern. Reife ab Juni.
Vorkommen: Zerstreut in Laubmischwäldern und Staudenfluren, auch in offenen Nadelholzbeständen, vor allem im Bergland. Fehlt in der norddeutschen Niederungs-

landschaft. Häufig auch als frühblühendes Ziergehölz verwendet. Besonders geschützt!

Wissenswertes: Alle Teile der Pflanze, insbesondere die einladend aussehenden scharlachroten Steinfrüchte sind außerordentlich giftig. Sie lösen sofort nach dem Verzehr starke Schleimhautreizungen, sehr heftige Halsschmerzen, ferner Erbrechen, Krämpfe und Koliken der Verdauungsorgane aus. Fruchtverzehrende Vögel können die Steinfrüchte dagegen schadlos fressen.

Stechpalme, Hülse

Ilex aquifolium

Typisch: Blätter wechselständig, lederig, oberseits glänzend dunkelgrün, unterseits heller, am Rande dornig.
Kennzeichen: Immergrüner Strauch oder kleiner Baum, 15 m hoch. Blüten zweihäusig, reinweiß. Blütezeit Mai. Reife Früchte ab August.
Vorkommen: Vor allem im atlantisch beeinflußten Europa als Unterwuchs in lichten Laubmischbeständen. Häufig als (formenreiches) Ziergehölz verwendet.
Wissenswertes: Die glänzend roten Steinfrüchte enthalten unter anderem Purinalkaloide und andere Wirkstoffe, die Erbrechen, Durchfall oder andere Symptome im Bereich der Verdauungsorgane auslösen. Für Vögel, insbesondere Drosseln, sind die einladenden Früchte eine wichtige Nahrung.

Wermut, Bitterer Beifuß

Artemisia absinthium

Typisch: Blätter beiderseits graufilzig behaart und mehrfach fiederteilig.
Kennzeichen: Mehrjähriger Halbstrauch mit krautigen Zweigen und verholzter Basis, bis 120 cm hoch. Blütenköpfchen um 4 mm breit, goldgelb, nickend. Alle Teile duften beim Zerreiben angenehm aromatisch. Blütezeit Juli bis September.
Vorkommen: In Südeuropa und in Zentralasien beheimatet, seit langem in Gartenkultur und häufig verwildert.
Wissenswertes: Wermut ist zu Recht eine wertvolle Aroma- und Heilpflanze. Das ätherische Öl der Pflanzen enthält jedoch unter anderem den problematischen Wirkstoff Thujon; bei Dauergebrauch Vergiftungserscheinungen (Schädigung des Zentralnervensystems).

Garten-Wolfsmilch

Euphorbia peplus

Typisch: Blätter wechselständig, hellgrün, verkehrt-eiförmig, vorne stumpf.
Kennzeichen: Einjährige, krautige Pflanze, bis 30 cm hoch. Blütenstand doldenähnlich, meist fünfstrahlig. Honigdrüsen in den Blüten hörnchenförmig. Blütezeit April bis November.
Vorkommen: Ziemlich häufig in Gärten, auf Äckern und in Weinbergen.

Wissenswertes: Der Milchsaft, auch in den anderen Wolfsmilch-Arten, enthält verschiedene Phorbolester, die im wesentlichen für den sehr unangenehmen Geschmack der Pflanzen verantwortlich sind. Diese stark reizenden Stoffe schädigen die Verdauungsorgane und können in Verbindung mit bestimmten anderen Substanzen Krebs auslösen (Kokarzinogene).

Wunderbaum

Ricinus communis

Typisch: Blätter wechselständig, langgestielt, handförmig gelappt, oft mit rötlichen Blattnerven.

Kennzeichen: Bei uns nur einjährig gezogene, sonst aber ausdauernde, sehr raschwüchsige Pflanze. Blüten einhäusig, in aufrechten, vielblütigen Rispen. Blütezeit Juli bis September. Kapselfrucht mit rotbraunem, glänzend marmoriertem Samen.

Vorkommen: Im tropischen Afrika heimisch, dort zur Ölgewinnung kultiviert, in Europa lediglich als Sommerblume in Parks und Gärten.

Wissenswertes: Die Samen enthalten ein hochwirksames Lektin, das zu den stärksten pflanzlichen Giften gehört. Vergiftungserscheinungen sind Brennen im Mund, Schwindel, Erbrechen, heftige Durchfälle, Darmkrämpfe.

Virginischer Wacholder

Juniperus virginiana

Typisch: Blätter nadel- oder schuppenförmig, duften beim Zerreiben aromatisch. Auch das Holz enthält Aromastoffe („Bleistiftzeder").
Kennzeichen: Immergrüner Baum mit kurzen, steil aufrechten Ästen und kegelförmiger Krone, 20–30 m hoch, als Parkgehölz jedoch meist von schlankem, säulenförmigem Wuchs bis 4 m. Blüten unscheinbar. Beerenzapfen bis 7 mm dick, fleischig, bläulich bereift.
Vorkommen: Heimisch im atlantischen Nordamerika, vor allem in der schlanken Säulenform „Skyrocket" sehr häufig angepflanzt.
Wissenswertes: Ähnlich wie der Sadebaum ist auch diese größte aller Wacholderarten in allen Teilen giftig. Wirkstoffe sind Bestandteile des ätherischen Öls.

Riesen-Bärenklau

Heracleum mantegazzianum

Typisch: Blätter sehr groß, bis 1 m breit, dreizählig gefiedert, glatt, mit borstig behaartem Blattstiel.
Kennzeichen: Zwei- oder mehrjährige Riesenstaude, bis über 3 m hoch, mit armdickem, rotfleckigem, behaartem Stengel. Endständige zusammengesetzte Dolde über 50 cm breit, Seitendolden kleiner. Blütezeit Juni bis August.

Vorkommen: Im Kaukasus heimisch, um 1890 als Zierpflanze und Bienenweide eingeführt und durch Verwilderung rasch eingebürgert.
Wissenswertes: Alle Teile enthalten giftige Furanocumarine. Nach Kontakt und besonders bei anschließender Sonnenbestrahlung treten auf der Haut Pigmentbildungen, Schwellungen, Blasen und Entzündungen auf.

Besenginster

Cytisus scoparius

Typisch: Blätter wechselständig oder büschelig, dreizählig gefiedert, dunkelgrün.
Kennzeichen: Sommergrüner, sehr reich verzweigter Strauch mit grünen Rutenästen, 1–2 m hoch. Schmetterlingsblüten leuchtend gelb, zahlreich in den Blattachseln. Hülse schwärzlich, zusammengedrückt. Blütezeit Mai bis Juni, Früchte ab August.

Vorkommen: Häufig an Wegrändern, Hängen, in Gebüschsäumen und Flurgehölzen. Fehlt in Kalkgebieten. Auch als Ziergehölz.
Wissenswertes: Alle Teile der Pflanze, vor allem die (unreifen) Samen enthalten giftige Chinolizidinalkaloide. Diese Stoffe verursachen Übelkeit und Beschwerden im Magen-Darm-Bereich, in schweren Fällen Lähmungen.

Bilsenkraut

Hyoscyamus niger

Typisch: Blätter wechselständig, buchtig gezähnt, oben ungestielt, zottig behaart.
Kennzeichen: Zweijährige Pflanze mit einfachem oder wenig verzweigtem Stengel, bis 50 cm hoch. Blüten mit becherförmigem Kelch, bräunlichgelb mit dunklerer, violetter Aderung. Blütezeit Juni bis September. Kapselfrucht bräunlich, ab Juli.
Vorkommen: Heimisch in den Wärmegebieten des östlichen Mittelmeerraums bis Zentralasien, mit Ackerkultur europaweit verschleppt.
Wissenswertes: Alle Teile der Pflanzen enthalten hochwirksame Tropanalkaloide, die Vergiftungen mit anfänglicher Erregung und nachfolgender Lähmung (Tod durch Atemstillstand) hervorrufen. Früher diente das Bilsenkraut als gefährliche Rauschdroge.

Weißer Germer

Veratrum album

Typisch: Blätter wechselständig, teilweise stengelumfassend, breit-elliptisch, zugespitzt, längsstreifig.
Kennzeichen: Mehrjährige Pflanze mit knolligem Wurzelstock und aufrechtem kräftigem Stengel, bis 1,5 m hoch, nur im oberen Teil behaart. Blüten unauffällig grünlichweiß, zahlreich in einer endständigen Rispe. Blütezeit Juni bis August. Kapselfrüchte ab September.
Vorkommen: Typischer Beweidungszeiger in alpinen Wiesen und Matten.
Wissenswertes: Alle Teile der Pflanzen, vor allem der Wurzelstock, enthalten Steroidalkaloide von stark schleimhautreizender Wirkung. Bei Überdosierung treten Herzstillstand und Atemlähmung ein. Früher in Schnupftabakzubereitungen verwendet.

Gnadenkraut

Gratiola officinalis

Typisch: Blätter kreuzgegenständig, fein gesägt, schmallanzettlich, zugespitzt.
Kennzeichen: Mehrjährige Pflanze mit kriechendem Wurzelstock und aufrechtem, bis 40 cm hohem, unverzweigtem Stengel. Blüten einzeln in den Blattachseln, weißgelblich, manchmal rötlich geadert, bis 1 cm breit. Blütezeit Juni bis August.
Vorkommen: Ziemlich selten und unbedingt schützenswert, in Sumpfwiesen, Gräben, Verlandungsgürteln, Röhrichten und an Tümpeln.
Wissenswertes: Alle Teile der Pflanze enthalten Triterpenglykoside. Früher verwendete man das Kraut als Arzneipflanze. Vergiftungssymptome bei Überdosierung sind Erbrechen, heftige Durchfälle, Krämpfe, Nierenreizung, Kreislaufstörungen.

Gift-Hahnenfuß

Ranunculus sceleratus

Typisch: Blätter wechselständig, handförmig geteilt, untere langgestielt, obere sitzend. **Kennzeichen:** Einjährige Pflanze, 20–60 cm hoch, mit aufrechtem, hohlem, gefurchtem Stengel. Blüten blaßgelb, sehr klein, um 8 mm breit. Blütezeit Juni bis Oktober. **Vorkommen:** Feuchtäcker, Sumpfwiesen, Teichufer, Röhrichte, Gräben. **Wissenswertes:** Alle Teile der Pflanze enthalten das brennend scharf schmeckende Protoanemonin. Nach Verzehr frischer Pflanzenteile treten Schädigungen der Mund-, Magen- und Darmschleimhaut auf. Äußerlich kann der Saft schmerzhafte Blasenbildungen auf der Haut (Wiesendermatitis) verursachen. Ähnlich sind auch die nahen Verwandten zu bewerten.

Hundspetersilie

Aethusa cynapium

Typisch: Blätter wechselständig, mehrfach gefiedert, Stengelblätter mit sehr schmalen Endabschnitten, Grundblätter im Umriß der Echten Petersilie ähnlich.
Kennzeichen: Einjährige Pflanze, bis über 1 m hoch. Dolden endständig. Döldchen mit drei nach unten geschlagenen Hüllchenblättern (wichtiger Unterschied zur Echten Petersilie!). Blütezeit meist Juni bis September.
Vorkommen: An Gebüschsäumen, auf verkrauteten Äckern und an Schuttstellen.
Wissenswertes: Alle Teile der Pflanze, vor allem aber die Wurzeln, enthalten Polyine, die Rötung der Haut, Leibschmerzen, Durchfall, in besonders schweren Fällen auch Krämpfe mit Bewußtseinsstörung und schließlich Atemlähmung verursachen.

Hecken-Kälberkropf

Chaerophyllum temulum

Typisch: Blätter wechselständig, mehrfach fiederteilig, rauh bis anliegend behaart und daher stumpfgrau.
Kennzeichen: Zweijährige Pflanze mit aufrechtem, glattem, hohlem, rot geflecktem Stengel, bis 80 cm hoch. Blüten reinweiß, zahlreich in endständigen Dolden. Blütezeit Mai bis Juli.
Vorkommen: Häufig in Krautsäumen an Zäunen und Gebüschen oder auf Schuttstellen.
Wissenswertes: Die Pflanze enthält wie viele andere Vertreter ihrer Familie verschiedene Polyine. Äußerlich wirkt der Saft des Krautes hautreizend; nach Einnahme ruft er Entzündungen im Magen-Darm-Bereich hervor, in schweren Fällen auch Störungen der Bewegungsabläufe und Lähmungen.

Kornrade

Agrostemma githago

Typisch: Blätter gegenständig, schmal-linealisch, am Rande behaart, mattgrün.
Kennzeichen: Einjährige Pflanze, bis 80 cm hoch. Stengel aufrecht, einfach oder wenig verzweigt. Blüten langgestielt, mit fünfzipfliger, purpurroter Krone, die von den Kelchblättern weit überragt wird. Blütezeit Juni bis Juli.
Vorkommen: Heimisch im östlichen Mittelmeergebiet, mit Getreidekultur weit verschleppt, heute sehr seltenes Ackerwildkraut, stellenweise in Erhaltungskultur (Gärten).
Wissenswertes: Besonders die schwarzen Samen enthalten giftige Triterpensaponine. Nach Verzehr verursachen sie Kratzen im Rachenraum, Übelkeit, Erbrechen, Durchfall, Kreislaufstörungen und selten auch Tod durch Atemlähmung.

Jakobs-Kreuzkraut

Senecio jacobaea

Typisch: Blätter wechselständig, mehrfach fiederteilig mit vergrößertem Endlappen.
Kennzeichen: Mehrjährige Pflanze, bis über 1 m hoch. Korbblüten goldgelb, sehr zahlreich, bis 2 cm breit. Früchte mit leicht abfallendem Haarkranz, der als Flugorgan dient. Blütezeit Juli bis September.
Vorkommen: Häufig an Wegrändern, auf Brachland und an Schuttstellen, auch Wildkraut in Gärten.
Wissenswertes: Alle Teile der Pflanzen enthalten Pyrrolizidinalkaloide, die bei Dauerverwendung schwere Leberschädigungen (Zirrhose) hervorrufen. Auch für Weidetiere ist die Pflanze giftig. Ähnlich sind auch die übrigen, zum Teil sehr ähnlichen Kreuzkraut-Arten zu beurteilen.

Bunte Kronwicke

Coronilla varia

Typisch: Blätter wechselständig, paarig gefiedert, mit 12–24 elliptischen, stachelspitzigen Fiedern.
Kennzeichen: Mehrjährige Pflanze, 30–60 cm hoch, Stengel oft liegend. Schmetterlingsblüten zu 12–20 in langgestielter Dolde, mit weißen Flügeln, rötlicher Fahne und violettem Schiffchen. Blütezeit Juni bis August.
Vorkommen: Wiesen, Trockensäume, Wegränder, fehlt im Nordwesten, vor allem in Kalkgebieten häufiger.
Wissenswertes: Die Pflanze enthält herzwirksame Steroidglykoside vor allem in den Blättern und in den Samen. Sie bewirken bei Verzehr Übelkeit und Erbrechen, Krämpfe, Störungen der Bewegungsabläufe und Atemnot. Auch für pflanzenfressende Tiere giftig.

Gift-Lattich

Lactuca virosa

Typisch: Blätter wechselständig, meist waagerecht abstehend, rundum stachelspitzig, gebuchtet, führen weißen Milchsaft.
Kennzeichen: Meist zweijährige Pflanze mit aufrechtem Stengel, 80–150 cm hoch. Blüten in 15 mm breiten Körbchen (nur hellgelbe Zungenblüten vorhanden). Blütezeit Juli bis August.
Vorkommen: Wildkraut an Schuttstellen, Wegrändern, Gebüschsäumen, auf Brachland und in Gärten.
Wissenswertes: Der Milchsaft der Pflanze enthält scharf und bitter schmeckende Sesquiterpenlactone, die bei Überdosierung (Verwendung als Wildsalat) Schweißausbrüche oder Beschleunigung der Herz- und Atemtätigkeit mit Schwindelanfällen verursachen.

Bittersüßer Nachtschatten

Solanum dulcamara

Typisch: Blätter wechselständig, gestielt, ganzrandig, am Grunde mit zwei abgetrennten Lappen.
Kennzeichen: Halbstrauch, nur am Grunde verholzt, 30–200 cm hoch. Blüten in lockeren Rispen, mit violetter, flacher Krone und goldgelben Staubblättern. Blütezeit Juni bis August. Beerenfrüchte zunächst grün, dann orangegelb und zuletzt scharlachrot. Fruchtreife ab Juli.
Vorkommen: Häufig in Auenwäldern und feuchten Ufergebüschen.
Wissenswertes: Besonders die unreifen Beeren enthalten größere Mengen Steroidalkaloide. Nach Verzehr der anfangs süßlich, dann aber bitter schmeckenden Früchte stellen sich Kratzen in Mund und Rachen, Erbrechen oder Atemlähmung ein.

Schwarzer Nachtschatten

Solanum nigrum

Typisch: Blätter wechselständig, ungeteilt, gezähnt oder ganzrandig, locker behaart.
Kennzeichen: Einjährige Pflanze, 30–50 cm hoch. Blüten weiß, zu mehreren in lockeren Rispen. Blütezeit Juni bis Oktober. Reife Beerenfrüchte ab Juni.
Vorkommen: Häufige Wildkrautpflanzen auf Äckern, an Schuttstellen und in Gärten.
Wissenswertes: Die matt glänzenden Beeren enthalten ebenso wie die des nahe verwandten Bittersüßen Nachtschattens nur geringe Mengen an Steroidalkaloiden. Vom Verzehr der einladend aussehenden Früchte soll dennoch abgeraten werden. Nur ausnahmsweise stellen sich Beschwerden der Verdauungsorgane ein. Für pflanzenfressende Tiere ebenfalls leicht giftig.

Sumpf-Porst

Ledum palustre

Typisch: Blätter wechselständig, etwas lederig, am Rande leicht eingerollt, kurzgestielt, unterseits rostrot filzig behaart und mit Drüsen.
Kennzeichen: Immergrüner Strauch, bis 1,5 m hoch. Blüten in vielblütigen endständigen Doldenrispen, reinweiß oder hellrosa, duften sehr aromatisch. Blütezeit Mai bis Juni. Kapselfrüchte ab August.

Vorkommen: Zerstreut auf nassen Torfböden in Hoch- und Zwischenmooren, nur östlich der Weser. Geschützt! Nahe verwandte Formen auch als Ziergehölz.
Wissenswertes: Enthält ein ätherisches Öl, dessen Bestandteile heftige Reizungen des Magen-Darm-Traktes und Schädigung der Nieren hervorrufen. Früher dem Bier zugesetzt.

Sumpf-Schachtelhalm, Duwock

Equisetum palustre

Typisch: Blätter zu kleinen Stengelscheiden mit locker anliegenden, weißhäutigen Zähnen vereinfacht.
Kennzeichen: Ausdauernde Pflanze bis 60 cm Höhe mit glatten, aufrechten, kantigen und deutlich (Fingerprobe!) längsfurchigen Stengeln. Unfruchtbare und fruchtbare Sprosse gleich gestaltet.
Vorkommen: In Naßwiesen und Verlandungsgesellschaften an Gewässerrändern.
Wissenswertes: Alle Teile enthalten ein Piperidinalkaloid. Für den Menschen besteht kaum Gefahr, da die Pflanze wenig zum Verzehr einlädt. Weidetiere auf Naßwiesen können allerdings bedenkliche Mengen aufnehmen. Die Vergiftung äußert sich in gesteigerter Erregbarkeit, Muskelzuckungen und taumelndem Gang.

Gefleckter Schierling

Conium maculatum

Typisch: Blätter wechselständig, mehrfach gefiedert, kahl, die unteren auffallend groß.
Kennzeichen: Ein- oder zweijährige Pflanze bis 2,5 m Höhe mit kräftigem, rundem aufrechtem Stengel, fein gerillt, hohl, am Grunde rotbraun gefleckt. Blüten reinweiß, sehr zahlreich in zusammengesetzten Dolden. Blütezeit Juni bis August.
Vorkommen: Feuchte Schuttstellen, Kraut- und Staudenbestände an Mauern und auf Brachland.
Wissenswertes: Alle Teile der Pflanze enthalten hochwirksame Piperidinalkaloide. Sie verursachen Brennen im Rachenraum, Störungen der Sinnesorgane, Übelkeit, später auch zunehmende Lähmungen, die an den Beinen beginnen. Tod durch Atemlähmung bei vollem Bewußtsein.

Schöllkraut

Chelidonium majus

Typisch: Blätter wechselständig, fiederspaltig bis gefiedert, unterseits bläulichgrün, enthalten einen goldgelben Milchsaft.

Kennzeichen: Mehrjährige Pflanze mit aufrechtem, verzweigtem und behaartem Stengel. Blüten goldgelb in sehr lockeren Dolden. Blütezeit Mai bis Juni. Schotenartige Kapseln ab Juni.

Vorkommen: Sehr häufig in Krautbeständen an Wegen, Zäunen, Mauern und Gebüschen, auch in Gärten und Wäldern.

Wissenswertes: Der Milchsaft enthält verschiedene Alkaloide und ruft Reizungen der Schleimhäute im gesamten Verdauungstrakt hervor. Auch nach äußerlichem Kontakt können bei empfindlichen Personen Hautreizungen auftreten.

Stechapfel

Datura stramonium

Typisch: Blätter wechselständig, gestielt, ungleich buchtig gezähnt, bläulichgrün bis mattgrün.
Kennzeichen: Einjährige Pflanze, bis etwa 1 m hoch, mit aufrechtem, rundem bis leicht kantigem und hohlem Stengel. Blüten bis 10 cm lang, kurzgestielt, aufrecht in den oberen Blattachseln, mit trichterförmiger, weißer oder hellvioletter Krone. Blütezeit meist Juni bis September.
Vorkommen: Ursprünglich nur in Mittelamerika, unbeständig in Krautfluren auf Schuttstellen und an Wegen.
Wissenswertes: Alle Teile der Pflanze enthalten Tropanalkaloide, die lähmende und betäubende Wirkungen entfalten. Todesfälle sind bei Überdosierung möglich. Die Pflanze wurde früher arzneilich verwendet.

Tabak

Nicotiana tabacum

Typisch: Blätter wechselständig, sitzend, kurzgestielt, ganzrandig, zugespitzt.
Kennzeichen: Einjährige, krautige Pflanze mit aufrechtem, meist unverzweigtem Stengel, bis 2,5 m hoch. Blüten rötlich, zahlreich in endständiger Rispe, mit langer, schlanker Kronröhre. Blütezeit Juni bis September.
Vorkommen: Stammt aus Südamerika und ist heute nur noch aus der Kultur bekannt. Anbau auch in Mitteleuropa.
Wissenswertes: Alle Teile der Pflanze enthalten das Alkaloid Nicotin, das als gefährliches Gift gilt. Die Vergiftungserscheinungen nach dem Verzehr von Tabak reichen von leichtem Schwindel mit Kopfschmerz bis zu Krämpfen unter Bewußtlosigkeit und Atemstillstand.

Trollblume

Trollius europaeus

Typisch: Blätter wechselständig, handförmig geteilt, grundständige langgestielt.
Kennzeichen: Mehrjährige Pflanze, um 60 cm hoch, mit aufrechtem, rundem, meist unverzweigtem Stengel. Blüten einzeln endständig, kugelig, zitronengelb, bis 3 cm breit. Staubblätter sehr zahlreich. Blütezeit Mai bis Juni.
Vorkommen: Feuchtwiesen im Bergland, fehlt im Tiefland weitgehend. Gelegentlich als Zierpflanze. Geschützt!
Wissenswertes: Die Pflanze enthält Alkaloide, die schleimhautreizend wirken und bei schweren Vergiftungsfällen zu heftigem Durchfall mit Koliken führen können. Bei empfindlichen Personen löst der Saft der Pflanze Blasenbildungen und Rötungen auf der betroffenen Haut aus (Wiesendermatitis).

Wasserschierling

Cicuta virosa

Typisch: Blätter wechselständig, mehrfach fiederschnittig, untere gestielt, obere meist sitzend. Blattstiele hohl.
Kennzeichen: Ausdauernde Pflanze mit hohlem Stengel, bis 1,5 m hoch. Blüten weiß, in großen, zusammengesetzten Dolden, meist ohne Hüllblätter. Blütezeit Juni bis August.
Vorkommen: In der Verlandungszone von Gewässern, Röhrichte von Teichen und Seen, an Gräben und Flußufern, wächst im Wasser.
Wissenswertes: Alle Teile der Pflanze, vor allem aber der dickfleischige Wurzelstock, enthalten hochwirksame Polyine. Etwa eine halbe Stunde nach Einnahme stellen sich Erbrechen, Leibschmerzen und starke Krämpfe bis zum Tod durch Atemlähmung ein.

Zypressen-Wolfsmilch

Euphorbia cyparissias

Typisch: Blätter wechselständig, linealisch, um 2 mm breit, bläulichgrün, kurz zugespitzt, führen weißen Milchsaft.
Kennzeichen: Mehrjährige Pflanze mit aufrechtem Stengel, bis 35 cm hoch. Blütenstände mit halbmondförmigen Honigdrüsen, in endständigen, vielstrahligen Scheindolden. Nach dem Abblühen verfärben sich die Blätter der Blütenstände intensiv gelblich oder rot.
Vorkommen: Trockenrasen, Wegränder, Felsfluren.
Wissenswertes: Der Milchsaft der Pflanze enthält Phorbolester, die nach Aufnahme zu Entzündungen im Magen-Darm-Trakt mit Krämpfen und Lähmungen führen können. Bei empfindlichen Personen kann der Milchsaft auch nach äußerem Kontakt Hautreizungen hervorrufen.

Weiße Zaunrübe

Bryonia alba

Typisch: Blätter wechselständig, ungleich fünflappig, scharf gezähnt, borstig behaart.
Kennzeichen: Mehrjährige Kletterpflanze mit dünnem Stengel und einfachen, spiralig aufgerollten, den Blättern gegenüberstehenden Ranken. Blüten einhäusig, grünlichweiß. Beerenfrüchte schwarz. Blütezeit Juni bis Juli. Reife Früchte ab Ende Juli.

Vorkommen: In Gebüschen, an Zäunen oder in den Auengehölzen der größeren Fließgewässer.
Wissenswertes: Die erbsengroßen, schwarzen und sehr scharf schmeckenden Beeren enthalten Triterpenglykoside, die schwere Reizungen der Verdauungsorgane mit Durchfall und Erbrechen hervorrufen. In schweren Fällen Atemlähmung möglich.

Rotbeerige Zaunrübe

Bryonia dioica (B. cretica)

Typisch: Blätter wechselständig, handförmig gelappt, nur wenig und sehr unregelmäßig gezähnt oder glattrandig. **Kennzeichen:** Mehrjährige Pflanze mit rauhem, kletterndem Stengel und langen, spiralig aufgewundenen Ranken gegenüber den Blattansätzen. Blüten zweihäusig, unscheinbar grünlichweiß. Beerenfrüchte intensiv rot, Blütezeit Juni bis Juli, reife Früchte ab Juli. Verbreitung durch fruchtverzehrende Vögel.
Vorkommen: Gebüsche, Hekken, Zäune, Auengehölze.
Wissenswertes: Die Pflanzenteile und insbesondere die Früchte enthalten Triterpenglykoside. Nach Verzehr stellen sich Erbrechen, heftige Durchfälle, Schwindel, Koliken, Nierenreizungen, in schweren Fällen Lähmungen und Atemstillstand ein.

Herbst-Zeitlose

Colchicum autumnale

Typisch: Blätter grundständig, glänzend dunkelgrün, längsstreifig, linealisch, spitz.
Kennzeichen: Pflanze zur Blütezeit im Frühherbst (August bis September) ohne oberirdische Blattorgane; diese entwickeln sich erst im folgenden Frühsommer zusammen mit der braunen Kapselfrucht, die sie umschließen. Blüten 5–20 cm lang, mit unterirdischem Fruchtknoten.

Vorkommen: Feuchtwiesen, Auenfluren, Hänge, Weiden.
Wissenswertes: Alle Pflanzenteile enthalten das sehr giftige Alkaloid Colchicin. Nach der Aufnahme treten Brennen und Schmerz im Bereich des Mund-Rachenraumes auf, nach etwa zwei Stunden Übelkeit, Erbrechen und heftige Koliken, schließlich Blutdruckabfall und Lähmungen, Tod durch Atemstillstand.

Gemeiner Bocksdorn

Lycium barbarum

Typisch: Blätter wechselständig, kurzgestielt, graugrün, ganzrandig, am Grunde keilförmig verschmälert.

Kennzeichen: Sommergrüner Strauch mit dünnen, rutenartigen, dornigen Ästen und Zweigen. Blüten einzeln oder zu wenigen auf Stielen in den Blattachseln, weißlich-rotlila. Blütezeit Juni bis September, reife Beerenfrüchte ab August.

Vorkommen: In Asien heimisch, meist als Ziergehölz in Mischhecken und stellenweise verwildert.

Wissenswertes: Alle Teile der Pflanze, auch die eigenartig länglichen Beeren, gelten als giftig. Nach dem Verzehr stellen sich Erregungszustände mit Pupillenerweiterung, Durstgefühl und Sinnestäuschungen ein, in schweren Fällen auch mit Atemlähmung.

Gefleckter Aronstab

Arum maculatum

Typisch: Blätter grundständig, langgestielt, dunkelgrün, glänzend, pfeilförmig, meist purpurn gefleckt.
Kennzeichen: Mehrjährige Pflanze, 25–30 cm hoch, mit sehr ungewöhnlichem, von einem bleichgrünen Hochblatt umschlossenen kolbenförmigen Blütenstand, auf dem weibliche und männliche Blüten in verschiedenen Etagen untergebracht sind. Blütezeit April bis Mai. Die im Bestand sehr auffälligen, korallenroten Beerenfrüchte reifen ab Juli.
Vorkommen: Verbreitet in Laubwäldern, Gebüschen und Auengehölzen mit sehr humusreichem, tiefgründigem Boden.
Wissenswertes: Alle Teile der Pflanze, insbesondere die einladend roten und leicht süßlich schmeckenden

Beerenfrüchte, sind schwach giftig. Zu den Giftwirkungen gehören vor allem Schleimhautreizungen. Schon wenige Minuten nach dem Verzehr stellt sich unter anderem ein scharfer, brennender Geschmack ein. Größere Mengen führen zu Magen-Darm-Beschwerden, eventuell begleitet von schweren Krämpfen und Entzündungen. Die beteiligten Giftstoffe sind noch nicht vollständig bekannt. Ökologisch zählt besonders der Blütenstand

der Pflanze zu einer der bemerkenswertesten Erscheinungen der heimischen Flora. Der untere, kugelig abgesetzte Teil des bleichgrünen, manchmal auch purpurn überlaufenen Hochblattes dient als Kesselfalle und hält die darin eingefangenen Schmetterlingsfliegen zum Zwecke der Bestäubung zeitweilig fest. Erst nach erfolgreicher Bestäubung verwelken die Reusenhaare am oberen Kesseleingang und geben den Weg nach außen wieder frei.

Christophskraut

Actaea spicata

Typisch: Blätter langgestielt, mehrfach gefiedert, zu 2–3 in einem Wirtel am Stengel, am Rande gesägt, Grundblätter fehlen.
Kennzeichen: Mehrjährige, bis 60 cm hohe Pflanze mit aufrechtem Stengel. Blüten weiß, zahlreich in einer dichten, endständigen Traube. Blütezeit Mai bis Juli. Früchte ab Juli.
Vorkommen: Meist auf Kalkböden in schattigen Laubmischwäldern und Schluchten.
Wissenswertes: Die matt glänzenden, schwarzen Beerenfrüchte sind giftig. Sie enthalten unter anderem Triterpensaponine und wirken hautreizend. Nach dem Verzehr kommt es zu Entzündungen im Magen-Darm-Bereich und eventuell auch zu Kreislaufstörungen.

Blauer Eisenhut

Aconitum napellus

Typisch: Blätter wechselständig, tief handförmig geteilt, mit schmalen, mehrzipfligen Abschnitten.
Kennzeichen: Mehrjährige Pflanze mit großer Sproßknolle und aufrechtem Stengel, 80–150 cm hoch. Blüten blauviolett, zahlreich in endständigen, dichten Trauben. Das oberste Kronblatt ist helmartig gewölbt. Blütezeit Juni bis August.

Vorkommen: Meist nur im Gebirge und bevorzugt in Kalkgebieten, entlang von Bachufern und Gebüschen.
Wissenswertes: Der Blaue Eisenhut ist die wirksamste heimische Giftpflanze. Das in allen Teilen enthaltene Alkaloid Aconitin wirkt zunächst erregend, führt dann aber zu Störungen des Herzrhythmus und zum Tod durch Atemlähmung.

Gelber Eisenhut

Aconitum vulparia

Typisch: Blätter wechselständig, handförmig geteilt, mit breiteren Abschnitten als bei den verwandten Arten.
Kennzeichen: Ausdauernde Pflanze mit aufrechtem, im oberen Teil meist ästigem Stengel, 60–120 cm hoch. Blüten hell- bis schwefelgelb, zahlreich in schlanker, endständiger Traube. Helmartiges Kronblatt höher als breit. Blütezeit Juni bis August.

Vorkommen: Vor allem in den Laubmischwäldern der Gebirge auf nährstoffreichen, sickerfrischen Böden.
Wissenswertes: Alle Teile der Pflanze enthalten das sehr stark wirksame Alkaloid Aconitin. Verzehr der Pflanzenteile führt zunächst zu Prickeln in den Gliedmaßen und ausgeprägtem Kältegefühl, später zu Schmerzen, Herzstörungen und Atemlähmung.

Faulbaum

Frangula alnus

Typisch: Blätter wechselständig, ganzrandig, mit bogig nach vorn verlaufenden Blattnerven.
Kennzeichen: Sommergrüner Strauch oder kleinerer Baum, 2–7 m hoch. Blüten grünlichweiß, unscheinbar. Blütezeit Mai bis Juni. Früchte ab August.
Vorkommen: Häufig entlang von Waldwegen und -säumen, in Gebüschen auf staunassem, dichtem Boden.
Wissenswertes: Die anfangs grünen, später gelblichroten und zuletzt schwarzen Früchte sind giftig und führen zu starken Reizungen der Magenschleimhaut mit heftigem Erbrechen und Koliken, mitunter auch zu Kollaps. Faulbaumrinde dient nach längerer, ordnungsgemäßer Lagerung als arzneilich verwendete Abführdroge.

Gelber Fingerhut

Digitalis lutea

Typisch: Blätter in grundständiger Rosette; Stengelblätter wechselständig, kahl, gezähnt, zugespitzt.
Kennzeichen: Meist zweijährige Pflanze mit aufrechtem, kaum verzweigtem Stengel, bis 70 cm hoch. Blüten hellgelb, um 2 cm lang, mit schmaler, kaum glockiger Kronröhre. Blütezeit Juli bis August.
Vorkommen: Überwiegend auf Kalkböden in Laubmischwäldern und an Gebüschsäumen der Gebirge. Geschützt!
Wissenswertes: Die Pflanze enthält ebenso wie der ähnliche, deutlich kräftigere Großblütige Fingerhut in allen Teilen herzwirksame Glykoside. Unsachgemäße Verwendung führt zu Übelkeit, Magen-Darm-Beschwerden, Koliken und Krämpfen sowie Herzrhythmusstörungen.

Roter Fingerhut

Digitalis purpurea

Typisch: Grundblätter rosettig, Stengelblätter wechselständig, runzlig, gekerbt, unterseits graufilzig, lanzettlich-oval.
Kennzeichen: Zweijährige Pflanze mit aufrechtem, einfachem oder verzweigtem Stengel, bis 1,5 m hoch. Blüten purpurrot, röhrig-glockig, in einseitswendiger Traube. Blütezeit Juni bis August.
Vorkommen: Waldsäume und Schlagfluren auf frischem Boden, kalkmeidend. Vor allem im atlantischen Europa.
Wissenswertes: Alle Teile enthalten Herzglykoside, die sich bei fachkundigem Einsatz als sehr wertvolles Arzneimittel gegen Herzschwäche erweisen. Eigenbehandlung ist lebensgefährlich und führt zu Sinnesstörungen, Schädigung des Atmungsrhythmus oder zum Herzstillstand.

Rote Heckenkirsche

Lonicera xylosteum

Typisch: Blätter gegenständig, auf beiden Seiten weich behaart, unterseits graugrün.
Kennzeichen: Sommergrüner Strauch, bis 3 m hoch, meist buschig verzweigt. Blüten weißlichgelb, immer paarweise in den Blattachseln. Fruchtknoten verwachsen am Grunde zu einer Doppelbeere. Blütezeit Mai bis Juni. Früchte ab Juli.
Vorkommen: Lichte Laubwälder mit reichem Unterwuchs.
Wissenswertes: Die roten Beerenfrüchte enthalten giftige Glykoside, die zu Beschwerden im Magen-Darm-Bereich mit heftigem Erbrechen führen. Auch die Früchte der übrigen Heckenkirschen-Arten, beispielsweise der ähnlichen und als Ziergehölz verwendeten Tataren-Heckenkirsche *(Lonicera tataricum)* sind leicht giftig.

Zwerg-Holunder, Attich

Sambucus ebulus

Typisch: Blätter gegenständig, unpaarig gefiedert mit 7–9 ungefähr gleich großen Fiedern.

Kennzeichen: Mehrjährige, krautige Pflanze, sehr stattlich, bis 1,5 m hoch. Blüten weiß, sehr zahlreich in endständigen Schirmrispen. Blütezeit Juni bis Juli. Früchte ab Juli.

Vorkommen: Wegränder, Waldlichtungen, Gebüsche und Säume, meist auf steinigem Boden.

Wissenswertes: Die matt glänzenden, schwarzen Steinfrüchte sind roh giftig. Sie verursachen Brennen im Mund und Beschwerden im Magen-Darm-Bereich. Verwechslungen mit den Steinfrüchten des Schwarzen Holunders („Fliederbeeren") sind möglich. Auch diese sollen nicht roh gegessen werden.

Purgier-Kreuzdorn

Rhamnus cathartica

Typisch: Blätter gegenständig, fein gesägt, kurz zugespitzt, leicht glänzend, mit 3–4 unterseits behaarten Seitennerven.
Kennzeichen: Sommergrüner Strauch, ziemlich sparrig verzweigt. Zweige fast gegenständig und oft mit endständigem Dorn. Blüten unscheinbar, duften jedoch sehr angenehm. Blütezeit Mai bis Juni. Früchte ab September.

Vorkommen: In Feldgehölzen, Gebüschen, Hecken und Auengehölzen.
Wissenswertes: Die erbsengroßen, matt glänzenden, schwarzen Steinfrüchte sind giftig. Sie rufen Beschwerden im Magen-Darm-Bereich mit Erbrechen und Durchfällen sowie Nierenreizungen hervor. Früher häufiger arzneilich sowie als Färbemittel verwendet.

Hohler Lerchensporn

Corydalis bulbosa

Typisch: Stengel meist nur mit zwei Blättern, doppelt dreizählig geteilt, unbehaart.
Kennzeichen: Mehrjährige Pflanze mit aufrechtem, unverzweigtem Stengel, 10–30 cm hoch. Blüten weiß oder purpurn, zahlreich in endständiger, einseitswendiger Traube. Blütezeit März bis April.
Vorkommen: Oft bestandsbildend in Buchen- und Auenwäldern mit tiefgründigem, humusreichem Boden.
Wissenswertes: Alle Teile der Pflanze, vor allem die hohle Knolle enthalten Alkaloide (darunter Bulbocapnin). Der Verzehr führt zu Störungen des Zentralnervensystems mit Lähmungen (ohne Starre) und Aussetzen aller Reflexe. Arzneilich manchmal als krampflösendes Mittel verwendet.

Maiglöckchen

Convallaria majalis

Typisch: Blätter grundständig, meist nur in Zweizahl vorhanden, längsstreifig, breit-lanzettlich.
Kennzeichen: Mehrjährige Pflanze mit kriechendem Wurzelstock, aus dem sich jährlich Blätter und Blütenschaft erneuern. Blüten glokkenförmig, von angenehmem Aroma. Blütezeit Mai bis Juni. Beerenfrüchte ab Juli.

Vorkommen: Lichte Laubwälder und Gebüsche, auch in höheren Gebirgslagen.
Wissenswertes: Alle Teile der Pflanze enthalten sehr stark herzwirksame Glykoside (Cardenolide), die nach Verzehr Reizerscheinungen im Magen-Darm-Bereich mit Übelkeit und Erbrechen hervorrufen. Schwere Kreislaufschädigungen sind dabei weniger zu erwarten.

Schattenblume

Maianthemum bifolium

Typisch: Blätter nur am Stengel und immer zu zweit, herzförmig, waagrecht abstehend.
Kennzeichen: Mehrjährige Pflanze mit aufrechtem, unverzweigtem Stengel, bis 15 cm hoch. Blüten reinweiß, zahlreich in endständiger, walzenförmiger Traube. Blütezeit April bis Juni. Früchte ab September.
Vorkommen: In bodensauren Nadelholzbeständen ebenso wie in verschiedenen Laubwaldtypen. Meist gesellig.
Wissenswertes: Obwohl mit dem Maiglöckchen sehr nahe verwandt, enthält die Pflanze keine herzwirksamen Glykoside. Die Giftwirkung der rotfleckigen oder kirschroten Beerenfrüchte geht vermutlich auf Saponine zurück, die Beschwerden im Magen-Darm-Bereich hervorrufen.

Pfaffenhütchen

Euonymus europaea

Typisch: Blätter gegenständig, länglich-oval, fein gesägt, mattgrün.
Kennzeichen: Sommergrüner Strauch oder kleiner Baum, bis 6 m hoch. Zweige fast rechtwinklig abstehend, vierkantig, mit grüner Rinde und häufig mit Korkleiste auf den Kanten. Blüten unscheinbar grünlich. Blütezeit Mai bis Juni. Früchte ab Oktober.
Vorkommen: Wegränder, Feldgehölze, Gebüsche, häufig (vor allem an Straßen- und Wegrändern) als Ziergehölz gepflanzt.
Wissenswertes: Alle Teile der Pflanze sind giftig, weil sie Steroidglykoside und Alkaloide enthalten. Der Verzehr der karminroten Kapselfrüchte mit ihren orangeroten Samenmänteln kann zu erheblichen Herz-Kreislauf-Beschwerden führen, ferner

auch zu heftigen Durchfällen und Fieber. Etwa 30 Kapselfrüchte gelten für einen Erwachsenen als tödliche Dosis. Die übrigen Pfaffenhütchen-Arten, die man gelegentlich als Ziergehölze in großen Parks oder Gärten antrifft, sind ähnlich zu bewerten. Aus dem sehr harten Holz dieses Strauches fertigte man früher Spindeln und Stricknadeln, woraus sich der volkstümliche Name Spindelholz oder Spindelbaum erklärt. Auch für die Herstellung von Zeichenkohle eignet sich das Holz vorzüglich.

Tollkirsche

Atropa belladonna

Typisch: Blätter ziemlich groß, bis 20 cm lang, jeweils ein größeres neben einem kleineren, graugrün.
Kennzeichen: Ausdauernde Pflanze mit aufrechtem, ästigem Stengel, bis 1,5 m hoch. Blüten einzeln in den Blattachseln, mit glockiger, bräunlicher Krone. Blütezeit Juni bis August. Früchte ab Juli.
Vorkommen: Waldwege und Schlagfluren vor allem im Bergland auf Kalkböden.
Wissenswertes: Die kirschgroßen, schwarz glänzenden Beeren enthalten ein Gemisch hochwirksamer Alkaloide. Vergiftungserscheinungen sind Gesichtsrötung, Pupillenerweiterung, Pulsbeschleunigung, Bewußtseinsstörungen und Tobsucht („Toll"kirsche), gefolgt von Bewußtlosigkeit und Atemlähmung.

Vielblütige Weißwurz

Polygonatum multiflorum

Typisch: Blätter wechselständig, zweireihig an leicht bogig überhängendem, rundem Stengel.
Kennzeichen: Mehrjährige Pflanze, bis 70 cm hoch. Blüten sehr schmalglockig, weißlich, zu 2–5 in den Blattachseln. Blütezeit Mai bis Juni. Beerenfrüchte ab Juli.
Vorkommen: Schattige Laubwälder, Gebüsche, Wegsäume, gerne auf humusreichem und kalkhaltigem Boden.
Wissenswertes: Die matt schwärzlichen bis dunkelblau bereiften, ziemlich widerlich schmeckenden Beeren dieser und der Verwechslungsart Wohlriechende Weißwurz *(Polygonatum odoratum)* sind durch Glykoside giftig. Nach dem Verzehr treten Brechdurchfall und Kopfschmerzen auf.

Busch-Windröschen

Anemone nemorosa

Typisch: Blätter handförmig geteilt, mit grob gezähnten Abschnitten, zu dritt in einem Quirl am Blütenstiel.
Kennzeichen: Ausdauernde Pflanze mit kriechendem Wurzelstock. Blüten innen reinweiß, außen mitunter rötlich überlaufen. Blütezeit März bis April.
Vorkommen: Laubmischwälder und Nadelwälder des Berglandes, gelegentlich auch auf schattigen Wiesen.
Wissenswertes: Alle Teile der Pflanze enthalten in wechselnden Mengen das scharf schmeckende, hautreizende Alkaloid Protoanemonin, das nach Verzehr Nierenentzündungen, heftige Durchfälle und Koliken der Verdauungsorgane hervorrufen kann. Auch verwandte Arten (Leberblümchen) enthalten diesen Stoff.

Gemeiner Wurmfarn

Dryopteris filix-mas

Typisch: Wedelblätter in grundständiger Rosette, von länglich-lanzettlichem Umriß, zur Spitze hin stark, zur Basis nur wenig verschmälert.
Kennzeichen: Ausdauernde Pflanze, die bis zum Wintereinbruch grün bleibt, bis 120 cm hoch.
Vorkommen: Krautreiche Wälder und Halden. Vom Tiefland bis ins Gebirge ziemlich häufig.

Wissenswertes: Die Pflanze enthält vor allem in ihrem kräftigen Wurzelstock Phloroglucinabkömmlinge, die man früher in Kuren gegen Bandwürmer (Pflanzenname!) einsetzte. Diese Stoffe verursachen jedoch heftige Reizungen der Verdauungsorgane, die gewöhnlich in schwere Krämpfe oder Koliken übergehen und außerdem Sehstörungen hervorrufen.

Register

Mit 94 Farbfotos von Aichele (9 o., 41 o., 72, 74, 88, 89 o.), Apel (12), Bärtels (34, 45), Ewald (69, 80), Hecker (47, 52), König (46, 48, 61, 68), Kremer (29), Laux (13, 15, 20, 27, 30, 38, 39, 41 u., 53, 57, 70, 71, 76, 79), Layer (9 u., 10, 50, 75 o., 81), Limbrunner (14, 31 u., 40, 93), Marktanner (49), Morell (21, 86), Pforr (11, 23, 35, 73, 77, 82, 83, 89 u.), Reinhard (2/3, 6, 7, 16, 18, 22, 24, 25, 32, 37, 56, 60, 66, 67, 78, 85, 87, 90), Schönfelder (8, 17, 19, 26, 31 o., 44, 58, 91, 92), Schrempp (28, 33, 36, 42, 43, 51, 54, 55, 59, 63, 84), Synatzschke (75 u.), Willner (62, 64, 65).
37 Farbzeichnungen von M. Golte-Bechtle, Stuttgart.

Umschlag von Friedhelm Steinen-Broo, eStudio Calamar, Pau (Spanien), unter Verwendung von drei Farbfotos.
Umschlagvorderseite: Früchte der Gemeinen Eibe, *Taxus baccata* (W. Willner)
Umschlagrückseite: Roter Fingerhut, *Digitalis purpurea* (P. Schönfelder), Stechpalme, *Ilex aquifolium* (Reinhard-Tierfoto)

Die Deutsche Bibliothek – CIP-Einheitsaufnahme
Ein Titelsatz für diese Publikation ist bei der Deutschen Bibliothek erhältlich

Gedruckt auf chlorfrei gebleichtem Papier

2. Auflage

ISBN 3-440-09172-4
Redaktion: Rainer Gerstle, Andrea Häberlein, Anne-Kathrin Janetzky
Gestaltungskonzept: Atelier Reichert
Satz: Kittelberger, Reutlingen
Reproduktion: Master Image, Singapur
Produktion: Lilo Pabel
Druck und Bindung: Printer Trento s.r.l., Trento
Printed in Italy / Imprimé en Italie

Informationszentralen für Notfälle (Auswahl)

Baden-Württemberg
Informationszentrale für Vergiftungen an der Universitätskinderklinik
Mathildenstraße 1
79106 Freiburg i. Breisgau
Notruf: 0761/270 43 61
Fax: 0761/270 44 57
Zentrale: 0761/270 43 00
E-Mail: giftinfo@kkl200.ukl.uni-freiburg.de
Internet: http://www.ukl.uni-freiburg.de/kinderkl/viz/homede.htm

Bayern
Beratungsstelle für Vergiftungen
Toxikologische Abteilung der II. Medizinischen Klinik
rechts der Isar der Technischen Universität München
Ismaninger Straße 22
81675 München
Tel.: 089/19 24 0
Fax: 089/41 40 24 67
E-Mail: tox@lrz.tum.de
Internet: http://www.toxinfo.org/about/giz.html

II. Medizinische Klinik des Städtischen Krankenhauses
Universität Erlangen-Nürnberg in der Toxikologischen Intensivstation
Prof.-Ernst-Nathan-Str. 1
90419 Nürnberg
Tel.: 0911/398 24 51
Fax: 0911/398 26 65
E-Mail: muehlberg@klinikum-nuernberg.de
Internet: http://www.giftinformation.de

Berlin
Landesberatungsstelle für Vergiftungserscheinungen und Embryonaltoxikologie
Pulsstraße 3-7
14059 Berlin
Tel.: 030/192 40
Fax: 030/30 68 67 21
E-Mail: berlintox@giftnotruf.de
Internet: http://www.giftnotruf.de

Charité der Humboldt-Universität, Standort Wedding
Augustenburger Platz 1
13353 Berlin
Tel.: 030/450 53 555
Fax: +49(0)30/450 53 915
E-Mail: martens@ukrv.de
Internet:
http://www.ukrv.de/rv/nephro/Vergiftungen/vergiftungen.html

Mecklenburg-Vorpommern, Sachsen, Sachsen-Anhalt, Thüringen
Gemeinsames Giftinformationszentrum der Länder
Nordhäuser Straße 74
99089 Erfurt
Tel.: 0361/73 07 30
Fax: 0361/73 07 31 7
E-Mail: shared.ggiz@t-online.de
Internet: http://www.thueringen.de/wegweis/89_19.htm

Niedersachsen, Hamburg, Bremen, Schleswig-Holstein
Giftinformationszentrum im Zentrum für Pharmakologie und Toxikologie
Robert-Koch-Straße 40
37075 Göttingen
Tel.: 0551/192 40 und 38 318 0
Fax: 0551/38 318 81
E-Mail: giznord@giz-nord.de
Internet: http://www.giz-nord.de

Nordrhein-Westfalen
Informationszentrale gegen Vergiftungen im Zentrum für Kinderheilkunde der Rheinischen Friedrich-Wilhelms-Universität
Adenauerallee 119
53113 Bonn
Tel.: 0228/287 33 33
Fax: 0228/287 33 14
E-Mail: gizbn@mailer.meb.uni-bonn.de
Internet: http://www.meb.uni-bonn.de/giftzentrale

Saarland, Rheinland-Pfalz
Informationszentrum für Vergiftungen
Kinderklinik der Universitätsklinik Haus 9
66421 Homburg/Saar
Tel.: 06841/192 40
Fax: 06841/116 83 14
E-Mail: kigift@med-rz.uni-sb.de
Internet: http://www.med-rz.uni-sb.de

Österreich
Vergiftungsinformationszentrale Wien
Allgemeines Krankenhaus
Währinger Gürtel 18-20
A-1090 Wien
Tel.: +43 1/406 43 430
E-Mail: k.hruby@akh-wien.ac.at

Schweiz
Schweizerisches Toxikologisches Informationszentrum
Freiestrasse 16
CH-8028 Zürich
Notfall-Tel.: +41 1/251 51 51
Tel.: +41 1/251 66 66,
Fax: +41 1/252 88 33
E-Mail:info@toxi.ch
Internet: http://www.toxi.ch

Erste Hilfe bei Vergiftungsfällen

- Mundhöhle freiräumen
- reichlich lauwarmes Wasser (keine Milch!!!) trinken, reichlich Kohletabletten (10–20) oder bis 30 g Aktivkohle geben
- bei Benommenheit, Kratzen im Hals, Übelkeit, Durchfall, Krämpfen, Atemnot oder anderen auffälligen Anzeichen sofort Arzt oder Krankenhaus aufsuchen
- verzehrte Pflanzenteile (gegebenenfalls auch Erbrochenes) mitnehmen